CONFÉRENCES AGRICOLES

OU

LEÇONS FAMILIÈRES

SUR

L'AGRICULTURE MÉRIDIONALE,

PROFESSÉES

Par M. H. BARLES,
Professeur d'Agriculture du département du Var.

N° 12 bis. — ARBORICULTURE (Taille des Arbres).

5me PARTIE.

TAILLE DE L'OLIVIER

DRAGUIGNAN,
IMPRIMERIE DE P. GARCIN, BOULEVARD DE L'ESPLANADE, 4.
1862

A MONSIEUR MONTOIS, PRÉFET DU VAR, OFFICIER DE LA LÉGION-D'HONNEUR,

ET A MESSIEURS LES MEMBRES DU CONSEIL GÉNÉRAL.

MONSIEUR LE PRÉFET ET MESSIEURS LES MEMBRES DU CONSEIL GÉNÉRAL,

Le Professeur d'Agriculture vous doit tout : sa chaire et l'autorité de sa parole. S'il parvient à faire quelque bien, ce ne peut être que sous votre patronage. Il ose donc vous dédier ce petit traité sur **la Taille de l'Olivier.**

Si vous daignez en agréer l'hommage, si vous lui accordez votre haute approbation, cet opuscule pénètrera plus facilement dans la demeure du cultivateur, et réussira mieux à porter la conviction dans son esprit.

J'ai l'honneur d'être, avec le plus profond respect,

MONSIEUR LE PRÉFET ET MESSIEURS LES MEMBRES DU CONSEIL GÉNÉRAL,

Votre très-humble et très-reconnaissant serviteur,

H. BARLES.

AVERTISSEMENT.

Il n'existait pas encore de traité complet sur la **Taille rationnelle de l'Olivier**. Sur l'invitation de nombreux agronomes, amis du progrès, je livre au public un travail destiné à combler cette lacune regrettable. C'est une leçon détachée d'un Cours plus étendu d'Arboriculture que je publierai peut-être plus tard dans son entier. En attendant, pour être compris de tous mes lecteurs, j'ai dû bien souvent, dans le cours de ce petit ouvrage, rappeler, sans toutefois les démontrer, les principes généraux sur lesquels repose ma méthode.

Mon travail se divise en deux parties principales : dans la première, qui comprend trois chapitres, j'attaque et j'essaie de démolir les vieux systèmes de taille usités en Provence; dans la seconde partie, j'indique les principes d'une taille rationnelle.

Je dois faire remarquer que *ma leçon* est écrite sans prétention de style, telle que je l'ai faite devant les populations agricoles auxquelles elle est destinée. Je demande donc l'indulgence pour la forme. Quant au fond, je le crois solide, et j'ose espérer que les agronomes le jugeront tel. Si j'ai cette bonne fortune, mon but sera complètement atteint; car, en publiant cet opuscule, je n'ai d'autre intention que d'être utile à mon pays et de répondre à la confiance dont m'a honoré le premier Magistrat du département, en me choisissant pour répandre la lumière de la science agricole dans les campagnes du Var. Toutefois, je suis loin de prétendre avoir tout dit et rencontré la perfection sur la matière dont je traite. Je fais des vœux sincères pour que Messieurs les agriculteurs, amis de la bonne culture, veuillent bien m'adresser toutes les observations que leur suggèrera leur pratique de la taille. Ces observations, je les accueillerai avec une vive reconnaissance, et j'en profiterai pour améliorer mon livre et le rendre plus digne d'une deuxième édition.

ARBORICULTURE.

TAILLE DE L'OLIVIER.

CONSIDÉRATIONS GÉNÉRALES.

Nous allons aborder, Messieurs, la partie la plus importante, mais aussi la plus difficile de notre Cours d'Arboriculture, **la Taille de l'Olivier.**

Il m'a été jusqu'à présent assez facile de faire pénétrer, dans l'esprit de la plupart de mes auditeurs, les principes de la taille rationnelle des autres arbres à fruits, parce que, n'ayant généralement pas de système arrêté, ils étaient plus disposés à accepter les raisons apportées à l'appui de ces principes. Aujourd'hui au contraire, je viens attaquer des idées préconçues, des systêmes dominants qui ont fait la réputation d'un grand nombre de praticiens ; et je crains bien de rencontrer tout d'abord moins de docilité dans une certaine partie de mon auditoire.

Au début de nos entretiens, j'ai signalé d'une manière générale quelques uns des vices les plus saillants qu'on rencontre dans les méthodes de taille appliquées à nos oliviers ; mais alors tout le monde pouvait pas me comprendre. Maintenant que vous avez tous quelques notions sur la nature et les propriétés de la sève ; que vous savez comment ont peut la diriger suivant son goût ou ses besoins, la faire affluer sur un point ou l'en écarter, activer sa marche ou la ralentir, changer sa destination, ordonner son emploi ; maintenant surtout qu'il est donné à chacun ici de reconnaître l'analogie qui existe entre l'organisation et la manière de végéter de l'arbre qui nous occupe et celles des arbres qui ont fait l'objet des précédentes leçons, je puis me livrer à des considérations plus étendues sur une série de faits que je m'étais borné à vous signaler, et sur d'autres que j'avais été obligé de passer sous silence.

Mais je dois avant tout définir l'arbre dont nous avons à nous occuper.

Au point de vue de l'Arboriculture,

L'olivier est un arbre à fruits noyaux et à feuilles persistantes. Il donne, comme les autres arbres de sa classe, son fruit sur le bois de l'année précédente et n'en porte jamais deux fois, au même endroit ; il repousse de tige à toutes les époques de son existence et sur toutes les parties de sa charpente ; il prend aisément toutes les formes qu'on veut lui imposer ; il peut se restaurer et se rajeunir à différentes reprises lorsqu'il tombe en décrépitude, et vivre ainsi pendant plusieurs siècles ; enfin il peut, par un système de taille sage et rationnelle, être amené à donner une fructification annuelle abondante, hâtive et de qualité supérieure.

Pour justifier cette dernière partie de ma définition, j'étudierai successivement avec vous les quatre questions suivantes qui feront le sujet d'autant de chapitres :

1° Quel est le mode de taille qui convient à l'olivier ?

2° Veut-il être taillé souvent ?

3° Quelle est la forme qu'il préfère ?

4° Quels sont les moyens les plus propres pour régulariser sa production ?

CHAPITRE Ier.

Quel est le mode de taille qui convient à l'Olivier ?

Les uns me répondent : *Il veut être mené doux ; ce ne sont pas les branches qui font du fruit, mais les petits rameaux, et plus on laisse de ces rameaux, plus on récolte.* — Les autres disent : *Il exige une taille sévère ; il ne donne du fruit que sur le bois nouveau : donc il faut lui en faire produire.* Et d'ailleurs, n'ont-ils pas pour eux le vieil adage provençal : *Faï mi paouré, ti faraï riché !* (1) — Enfin une troisième opinion établit que certaines variétés veulent la taille modérée tandis que d'autres demandent la taille sévère,

Et sur quoi, je vous prie, sont basées ces différentes opinions ? — Sur un fait dont on ignore ou dont on dénature la cause, sur un dicton populaire susceptible de diverses interprétations; sur l'habitude, la tradition, l'amour-propre, l'avarice, l'entêtement, etc.

Il faut pourtant, direz-vous, adopter une de ces trois opinions. Eh bien, oui, Messieurs, je me range à la première ; je suis d'avis, avec quelques uns de vous, que l'olivier, comme tous les autres arbres, tous sans exception, veut être mené doux. Mais en adoptant cette opinion, je la raisonne, je l'appui sur des principes, sur des faits irrécusables; je l'harmonise, si je puis m'exprimer ainsi, avec les lois de la physiologie végétale. Les considérations dans lesquelles je vais entrer auront, j'espère, pour effet de vous en convaincre.

Tâchons d'abord de nous rappeler quel est le but de la taille sur les arbres en général.

1° Donner à l'arbre une forme agréable à la vue et en rapport avec la place qu'il doit occuper ;

2° Faire tourner au profit de la fructification la plus grande

(1) Appauvris-moi, je t'enrichirai.

partie de la sève, tout en ménageant les forces et la durée de l'arbre ;

3° Avoir des fruits beaux, bons et hâtifs ;

4° Préserver ces fruits de tout accident jusqu'au moment de la récolte.

Or, peut on remplir ces conditions ou atteindre ces résultats par l'application d'une taille sévère ? — Evidemment non.

1° Comment, en effet, pour répondre au premier chef, maintenir une forme constamment régulière à un arbre qu'on abandonne, pendant un certain nombre d'années à une végétation capricieuse, qui étend presque toujours inégalement ses branches autour de son tronc, empiète souvent sur la place des arbres voisins, s'oppose à leur développement ; et qu'à un moment donné, on dépouille brusquement d'une grande partie de son bois et de son feuillage, pour l'abandonner encore à une végétation déréglée ; de telle sorte que ce soit toujours à recommencer ? Comment, je vous le demande, une semblable taille donnerait-elle à l'arbre une forme agréable à la vue et en rapport avec la place qu'il doit occuper ? N'est-il pas plus raisonnable de recourir au pincement (1) ou à d'autres légères suppressions pour amener graduellement le sujet à occuper toute la place, mais rien que la place qu'on lui destine ; d'employer les procédés certains qui ont été indiqués aux préceptes généraux de la taille (2) soit à modérer la trop

(1) Je dois, au début de cet entretien, prévenir mes lecteurs que l'opération du pincement ne peut, dans la taille en grand de l'olivier, se faire, comme dans celle des autres arbres à fruits, à l'aide des ongles du pouce et de l'index. On y procède ordinairement à l'aide d'un petit sécateur ou de ciseaux. Cependant j'ai conservé cette dénomination de pincement pour désigner l'opération de taille qui consiste à retrancher seulement l'extrémité herbacée des jeunes bourgeons.

(2) La taille courte, l'inclinaison et la suppression d'une certaine quantité de feuilles, sur le côté trop fort : la taille longue et le redressement dans la direction verticale, sur le côté faible.

grande vigueur d'une branche. soit à stimuler la végétation trop lente d'une autre; de préserver surtout l'arbre de ces plaies si disgracieuses et toujours nuisibles aux parties de la charpente qu'elles affectent ; enfin, lorsqu'on a obtenu la forme régulière qu'on avait en vue, d'y maintenir le sujet en le prémunissant contre tous les accidents qui pourraient rompre son équilibre ; d'en poursuivre l'extention et le développement progressifs dans des proportions en rapport avec celles que peuvent prendre les racines ?...

2° Mais poursuivons et voyons si le second but de la taille est mieux rempli que le premier.

Nous avons vu, Messieurs, dans les préceptes généraux de la taille, que les boutons à fleurs ne se développent que sous l'influence d'une sève peu abondante ou contrariée dans sa marche ; et il a été proposé, pour atteindre ce but, divers moyens, en première ligne desquels figurent le pincement, le cassement, la torsion, l'arcure des jeunes rameaux, et la taille longue des branches de charpente. Nous avons reconnu que ces moyens, que je ne crains pas d'appeler innocents, ralentissent la marche de la sève, la refoulent dans les parties basses des rameaux et lui donnent ainsi le temps de s'élaborer, c'est-à-dire d'acquérir les qualités propres à la fructification ; que, dans tous les cas, ils empêchent les jeunes bourgeons de se transformer en gourmands ou, comme on dit vulgairement en Provence, en *tétaïrés*, rameaux longs et feuillus qui absorbent inutilement la sève, puisqu'il faudra les couper plus tard pour les jeter au feu.

Nous avons vu qu'au contraire, la taille courte provoque le développement de ces rameaux effilés et quelquefois très-vigoureux que nous venons d'appeler gourmands. Or, je vous le demande, sont-ce ces rameaux qui se mettent à fruit, ou bien ceux qui végètent lentement, péniblement ? Je ne crois pas qu'il y ait possibité d'hésiter un moment sur ce point. Oui, quand, après avoir coupé un arbre bas, vous le laissez ainsi s'emporter en branches vigoureuses qu'il faudra encore rabattre au bout de quelques années, vous savez très-bien que vous n'employez pas la sève à faire du fruit, mais bien du bois, et du bois inutile, puisqu'il ne devra pas perpétuellement concourir à augmenter l'étendue productive de votre arbre ; vous avancez pour reculer ensuite ; vous ressemblez à quelqu'un qui détruirait le soir son travail du matin ; en un mot, vous gâtez, vous gaspillez la sève qui alimente votre arbre, et qui, sagement dispensée, vous donnerait de riches produits. Et quand, deux ou trois ans après, vous ravalez derechef, pour la tenir pendant quelque temps basse et chétive une charpente susceptible d'un beau développement, vous contrariez inutilement la nature, et vous vous privez, sans prétexte raisonnable, de l'augmentation progressive de récolte à laquelle l'âge et le degré de croissance de vos arbres vous donnent droit de prétendre.

D'ailleurs, où trouvez-vous la cause des flux de sève, des chancres, de la dénudation et du dépérissement des branches, de la mort prématurée des arbres, des ravages causés à vos récoltes par l'action des longues sécheresses ou des fortes gelées, si ce n'est dans cette taille rigoureuse, dans cet ébranchement que rien de sérieux n'explique ni n'autorise.

Vous le savez, Messieurs, les grosses plaies pratiquées sur l'olivier ne se recouvrent jamais. Or, qu'y a-t-il d'étonnant que le froid, la chaleur, l'humidité, gercent, dessèchent et pourrissent le bois ainsi exposé à leur fatale influence ? Que les eaux de pluies, en s'infiltrant sous l'écorce et dans les fissures du bois, pénètrent jusqu'au cœur du tronc et des racines, en préparent la désorganisation, et qu'une seule amputation mal faite entraine, après quelques années, l'affaiblissement ou la perte d'un arbre qui pouvait prolonger son existence au delà d'un siècle ? Qu'y a-t-il d'étonnant enfin que des fruits attachés tout-à-fait au sommet et en dehors de la forme d'un arbre et n'ayant, par conséquent, aucun abri, soient desséchés par les rayons brûlants du soleil d'août ou gelés par l'effet du rayonnement glacial des nuits de décembre ?

Vous me ferez une objection ; je m'y attends. Tel propriétaire me dira : « *Mais puisque l'olivier ne porte du fruit que sur le bois neuf, il faut bien en faire naître.* » — Gardez vous de croire, Messieurs, qu'on n'obtienne du bois nouveau que par ce moyen extrême. Ne vous ai-je pas appris à en faire développer constamment sur le pêcher sans toucher à ses branches ? Appliquez à l'olivier un système de remplacement analogue: renouvelez, non pas tous les ans, mais tous les 5 ou 6 ans les rameaux qui garnissent ou doivent garnir ses branches de charpente dans toute leur longueur, et vous aurez atteint le même but, à moins de frais et sans nuire à l'arbre. Vous avez l'assurance qu'un pêcher ne résisterait pas au traitement rigoureux auquel vous soumettez l'olivier ; croyez bien que, si celui-ci n'en meurt pas, il en souffre beaucoup.

2° Le troisième but de la taille est relatif à la beauté et à bonté des fruits, ou, en d'autres termes, au volume et aux quantités de la pulpe qui recouvre habituellement les graines ou noyaux, et qu'en Botanique on appelle le *péricarpe*.

Il est incontestable, Messieurs, que si, par une sage direction, vous faites tourner au profit de la fructification une partie de la sève qui aurait été employée à faire du bois, les fruits seront plus volumineux et mieux nourris. Or, comment voulez-vous qu'une taille qui a pour premier but de renouveler, comme on dit, le bois et tout le bois d'un arbre, puisse être en même temps dirigée dans le sens contraire ? On se trouvera donc inévitablement placé dans l'une des alternatives suivantes : Si la récolte est abondante, les fruits ne pourront être que maigres et petits ; si par contre les fruits sont beaux et gras, ce ne sera qu'exceptionnellement et en raison de leur petit nombre. Dans les deux cas, la récolte ne donnera pas plus d'huile qu'une récolte médiocre avec des fruits d'un volume raisonnable. Je dis médiocre, Messieurs les partisans de la taille excessive, car vos bonnes récoltes bisannuelles ne sont, quoi que vous puissiez dire, que des produits précaires à côté de ceux que vous pourriez raisonnablement obtenir,

4° Enfin qui pourrait soutenir que la taille sévère en provoquant, le développement de rameaux longs et vigoureux, n'a pas pour effet le plus naturel (sauf toutefois l'année où elle s'exécute) d'éloigner les fruits du corps de la branche-mère et, par suite, de les priver de l'action directe de la sève pour les exposer davantage à celle des intempéries atmosphériques ?

« Mais, » direz-vous, « n'est-il jamais nécessaire d'appliquer une taille sévère à l'olivier, et de renouveler les branches de sa charpente ? » — A cette question, je me hâte de répondre : Oui, Messieurs, cela est malheureusement quelquefois nécessaire ; mais cette nécessité, croyez le bien, n'est, le plus souvent, qu'une conséquence du système vicieux de taille auquel l'arbre a été soumis.

Quels sont, en effet, les seuls cas où l'on puisse, avec quelque fondement, recourir à ce mode de taille ? — Il y en a cinq :

1° Lorsqu'une partie de la charpente est détériorée par une cause extérieure ;

2° Lorsqu'une branche s'épuise ou se brise par le fait d'une fructification trop abondante ;

3° Lorsqu'elle se dépouille de son écorce ou se dessèche à la suite des mutilations qu'elle a subies ;

4° Lorsque, par suite du resserrement des tissus vasculaires dans un vieil arbre ou du défaut d'équilibre dans la charpente d'un sujet quelconque, la sève cesse d'alimenter ou n'alimente plus suffisamment une ou plusieurs branches ;

5° Enfin lorsqu'on veut soumettre à une taille rationnelle un arbre abandonné ou mal conduit jusques là.

Eh bien, je soutiens, Messieurs, que, dans presque tous ces cas, l'abandon ou la mauvaise direction de l'arbre est la cause première de la nécessité que nous venons de signaler.

Si votre olivier avait été conduit d'après les principes d'une taille intelligente, basés, vous le savez, sur les lois de la physiologie végétale, telle branche qui éclate et se brise sous la pression d'un coup de vent ou d'une charge de neige, se serait trouvée dans des conditions propres à la préserver de cet accident ;

Celle qui s'épuise ou s'affaisse sous le poids d'une trop lourde charge de fruits, n'aurait porté chaque année qu'une récolte ordinaire ;

Celle qui succombe à la suite de la dénudation, des chancres, de la pourriture, ne le doit qu'à des reflux impétueux de sève provoqués par une taille trop sévère, et à l'altération de ses organes mis a nu par la même taille ;

Celle qui s'éteint faute d'aliments; qui meurt même de vieillesse, aurait résisté beaucoup plus longtemps, si la taille à laquelle elle a été soumise avait eu pour but d'entretenir un égal degré de vigueur entre toutes les parties de l'arbre;

Enfin, celle que l'on retranche dans tout l'éclat de sa force, pour reformer la charpente d'un arbre, aurait pu être arrêtée dans son jeune âge, en affectant à une plus utile destination la sève qui l'alimentait.

Vous ne pouvez pas même opposer en faveur du système des fortes suppressions *la stérilité passagère ou constante d'un arbre;* car je vous ai dit qu'il est, pour mettre cet arbre à fruit, des moyens plus simples, plus efficaces et surtout moins dangereux que la mutilation. Et si vous veniez m'assurer qu'un olivier, habituellement soumis à une taille modérée, ne donne pas de récoltes, je vous dirais : Mettez la main sur votre conscience et demandez-vous si cette taille est bien faite, si les conditions que j'ai indiquées dans les préceptes généraux, sont toutes exactement remplies.

Quelques uns prétextent, pour donner une apparence de raison à leurs excès, *la difficulté de la cueillette des fruits sur les arbres élevés.* Mais ici encore leurs paroles sont en contradiction avec les faits. Comment ! vous ravalez un arbre pour en cueillir le fruit plus aisément, et vous le mettez, dès le premier jour, dans le cas de s'élever encore? Vous le dépouillez des rameaux qui en garnissent la base, les seuls qui soient véritablement féconds et faciles à cueillir? les seuls qui puissent combattre et atténuer la tendance de la sève à se porter dans les parties hautes, et empêcher ainsi le trop rapide allongement des branches que vous venez de raccourcir? Vous agissez de manière à rendre la cueillette facile tant que l'arbre ne donne que peu ou point de récoltes, et à vous préparer les mêmes difficultés qu'auparavant pour le temps ou la fécondité sera revenue?...

Il n'y a qu'un moyen pour avoir la cueillette facile ou, si vous voulez, moins onéreuse : c'est de faire en sorte que l'arbre donne du fruit à partir de sa base et que sa production augmente en proportion de son développement. Or le système de taille que je combats, ne tend nullement à ce but : On ravale un arbre, il donne d'abord quelques fruits... A la taille suivante, on commence par supprimer les rameaux inférieurs ; la nouvelle fructification qui est, j'en conviens, un peu plus abondante que la première, se trouve aussi un peu plus élevée, et partant la cueillette est plus difficile et plus coûteuse. Cela se compense : pas d'augmentation de revenu... Plus tard, nouveau dégarnissement de la base et, en même temps, transport de la fructification dans une région plus élevée de l'arbre ; nouvelles difficultés de cueillette, qui se traduisent encore par un surcroît de frais; et ainsi de suite... C'est-à-dire que chaque taille élève la fructification sans l'augmenter graduellement, expose davantage la récolte à l'action des intempéries atmosphériques et augmente les frais de cueillette, jusqu'à ce que, revenant, après quelques années, à un nouvel ébranchement, l'on recommence à tourner dans le même cercle vicieux.

On a encore mis en avant (et je connais bien des fermiers qui sont chauds partisans de cette opinion) que *la taille sévère, rapportant en bois plus qu'elle ne coûte, ne peut être une mesure mauvaise.* Fiez-vous-y, propriétaires, et vous ferez de bonne besogne ! Quant à moi, mon avis est que, détourner une essence de sa vraie destination, c'est faire un métier de dupe; qu'il faut cultiver le pin, l'orme, l'acacia, le platane et autres arbres d'une rapide croissance *pour avoir du bois,* mais l'olivier *pour avoir des olives* (1).

Enfin reviendrons-nous sur l'opinion déjà émise : *Si quelques va-*

(1) C'et une chose triste à dire, mais qui cependant est vraie : Certains ouvriers cultivateurs ne mutilent les oliviers que pour montrer le soir à leurs patrons qu'ils ont fait beaucoup d'ouvrage; d'autres, abusant de la permission généralement accordée aux journaliers d'emporter une branche à la fin de leur journée, ne craignent pas d'abîmer un arbre pour se procurer la plus grosse possible.

Heureusement que les exemples de ce honteux trafic sont rares.

riétés d'oliviers exigent une taille modérée, les autres demandent une taille sévère. (1).

Je vous l'ai dit et la simple raison le dit encore mieux que moi: Les uns, pas plus que les autres, ne demandent la taille sévère, ni même la taille modérée. A moins qu'il ne s'agisse de retrancher des parties mortes ou près de mourir, toute taille est pour tout arbre une blessure, une cause de maladie, une atteinte à l'existence; et il est regrettable que nous n'ayons que ce moyen pour conduire la sève à travers les tissus ligneux et la faire arriver dans les organes qu'elle doit alimenter, soit pour le prolongement de la charpente, soit pour le développement des productions fruitières; aussi devons-nous, dans tous les cas, en user avec modération.

Vous parlez de différences entre les diverses variétés d'oliviers; je les admets aussi. Mais en quoi, je vous le demande, peut on faire consister ces différences, si ce n'est dans le plus ou moins de rusticité, de vigueur, d'aptitude à donner du bois ou du fruit; dans la beauté et les autres qualités des produits; dans le degré de convenance entre les arbres et le sol où ils sont plantés? Or, les mêmes différences existent aussi entre les mille variétés de poiriers, de pêchers, d'amandiers, etc.; et pourtant, lorsqu'il s'agit de ces arbres, nous ne nous avisons guère de dire que certaines variétés doivent être estropiées, mutilées, tandis qu'il faut être plein de ménagements pour les autres.

En général, dans chaque espèce, tout arbre d'une constitution robuste et vigoureuse se met plus difficilement à fruit que celui d'une constitution faible et chétive; parce que la sève, arrivant trop rapidement et en trop grande abondance dans les organes qui doivent l'éla-

(1) Je ne suis pas sans avoir entendu dire: dans l'arrondissement de Draguignan, que les rameaux du *Plant de Grasse*, se déssèchent après avoir donné leur fruit et qu'il faut en souvent renouveler le bois; dans l'arrondissement de Brignoles, que le *Plant d'Entrecasteaux* veut être ravalé tous les 6 ou 8 ans; enfin dans l'arrondissement de Toulon que le *Cayon* ne peut donner du fruit plusieurs années de suite, à moins qu'on ne l'ébranche. Erreurs et préjugés! Les résultats prodigieux, obtenus par la taille rationnelle, feront justice de ces objections.

borer, n'a pas le temps d'y acquérir les qualités indispensables à la fructification et est, en grande partie, employée à l'allongement des tiges.

Voilà pourquoi, loin de s'opposer, comme on le fait, à leur développement par de fortes suppressions, on doit tailler un peu plus long ces variétés (notez bien, un peu plus long les variétés qu'on taillait plus court !); leur laisser un peu plus de rameaux fructifères à nourrir, et contrarier, par les diverses opérations indiquées aux préceptes généraux de la taille, les penchants naturels de la sève. On la refoule dans les parties basses pour combattre sa tendance à se porter aux extrémités, dans les branches latérales et inclinées pour la faire circuler plus lentement et lui donner le temps de se mûrir ; et ces moyens, toujours suffisants lorsqu'ils sont bien appliqués, n'altèrent ni le bois, ni l'écorce de l'arbre, n'occasionnent pas de reflux de sève pernicieux, et doivent, par conséquent, être préférés aux moyens violents qui quelquefois produisent un effet diamétralement opposé à celui que l'on avait en vue.

Ces considérations admises, une nouvelle question se présente tout naturellement : « Quels que soient, » me direz-vous, « les inconvénients qui résultent des fortes amputations, encore faut-il, puisque vous admettez des cas où elles sont nécessaires, connaître le moyen de les faire avec le moins de danger possible pour l'arbre. »

Voici mon opinion à cet égard :

Si vous rabaissez un arbre pour cause de dépérissement, de vieillesse ou d'une affection qui en attaque toutes les parties, il est plus convenable de le couper au pied, sur la souche même, que de l'ébrancher seulement. De cette sorte, vous ne laisserez qu'une plaie qui, se trouvant presque toujours sous terre et à l'abri des influences extérieures, sera plus promptement et plus facilement recouverte ; et vous profiterez de cette circonstance pour imprimer une meilleure direction au nouvel arbre.

Si vous supprimez une branche cassée par accident ou qu'on a laissée venir mal à propos dans la forme de l'arbre, coupez-la sur une partie bien saine et profitez des premiers bourgeons vigoureux qui se développéront pour remplir le vide qui aura été fait (On active la croissance de ces bourgeons en taillant un peu plus bas les autres parties de l'arbre.) S'il n'y a pas de vide, tenez ces bourgeons courts, mettez-les à fruit au moyen du pincement de la torsion ou de la cassure ; et surtout agissez de telle sorte que vous ne soyez pas obligés de revenir, après quelques années, à la même opération. J'admets qu'un propriétaire intelligent, dans son désir de soumettre à un mode rationnel de taille, des oliviers jusques-là négligés ou mal conduits, recoure une fois en sa vie au système excessif ; mais tout retour plus ou moins prochain à ce système est une inconséquence, puisqu'il fait entrer dans la pratique ordinaire de la taille une opération qui ne doit être qu'exceptionnelle. Dans tous les cas, faites votre coupe en biseau peu saillant et, autant que possible, au-dessus d'une ramification ; unissez en bien la surface et couvrez-la de mastic à greffer.

Pour en finir sur ce chapitre, Messieurs, la taille rigoureuse ne convient pas plus à l'olivier qu'aux autres arbres à fruits : elle ne remplit, sous aucun rapport, le but qu'on doit se proposer dans une opération de cette nature ; et, comme elle n'amène, dans le plus grand nombre de cas, que des résultats déplorables, nous ne devons la considérer que comme une déplorable nécessité.

CHAPITRE II.

L'Olivier veut-il être taillé souvent ?

Les auteurs et les praticiens ne s'accordent pas plus sur cette seconde question que sur la première. Les uns prétendent qu'il faut tailler l'olivier tous les 3 ans; les autres de 2 en 2 ans ; enfin, il en est qui, s'appuyant sur une théorie plus exacte, opinent pour la taille annuelle. En effet, considérez qu'en soumettant tous les ans à la taille, certains arbres (poiriers, pommiers, etc.) qui, abandonnés à eux-mêmes, ne donnaient, comme l'olivier, du fruit que tous les deux ans, on est parvenu à leur en faire produire chaque année une quantité à peu près égale. N'y a-t-il pas dès lors tout lieu de présumer que l'olivier doit se prêter au même mode de culture ? Car Messieurs, ne vous faites pas illusion, je vous prie, sur la nature et les qualités fructifères de cet arbre. Il diffère moins qu'on ne le croit des autres arbres à fruits et surtout des arbres à fruits à noyaux. Il pousse tous les ans, comme ceux-ci, des bourgeons plus ou moins nombreux, plus ou moins longs et fertiles, qui doivent fleurir l'année suivante ; partant, il peut, comme eux, étant sagement conduit, rémunérer chaque année le cultivateur des soins qu'il lui donne.

Ne vous laissez donc pas aller à cette opinion *que l'olivier ne peut donner du fruit que de deux ans l'un*; et gardez-vous surtout d'en faire la base de votre système de taille, si vous ne voulez pas vous exposer à de pénibles mécomptes.

On a débité bien des fables et usé bien des dictons sur ce chapitre. Les uns ont dit :

Il faut que l'olivier travaille une année pour lui et une année pour le propriétaire.

D'autres :

Une poule ne peut pas pondre et couver en même temps.

Et moi, je vous dit de vous tenir en garde contre ces comparaisons entre des choses si hétérogènes, contre ces jeux de mots dont le sens est souvent aussi vague et complaisant que celui des anciens oracles.

Il n'est pas plus dans la nature de l'olivier que dans celle des autres arbres de ne donner, étant bien conduit, qu'une récolte en deux années. Il ne cesse de produire que lorsque, par un système vicieux de taille, on abuse de sa fécondité ; et donne, au contraire, des récoltes d'autant plus riches et plus fréquentes qu'elles sont plus régulières et plus porportionnées à ses forces.

Pour fixer notre opinion à cet égard, examinons ce qui se passe dans la méthode de taille bisannuelle ou trisannuelle actuellement usitée dans nos campagnes ; nous nous représenterons tout à l'heure le tableau d'une méthode de taille plus en rapport avec les principes de la science comme avec les règles d'une bonne pratique.

Je vous ai dit quelque part. Messieurs, qu'une fructification trop abondante, telle qu'elle se montre toujours sur l'olivier quand, un an après la taille, il a développé un grand nombre de boutons fructifères, a pour effet de faire passer à son profit presque exclusif toute la sève que reçoit l'arbre ; et d'empêcher, par suite, la formation de nouveaux bourgeons ou, si vous voulez de nouveaux yeux à fleurs pour l'année suivante. Or, qu'adviendra-t-il si, sur le faible nombre de ceux qui pourraient se montrer, vous en retranchez encore une bonne partie? (1) Il ne restera presque rien. Mais pendant cette année de non production, la sève restée libre ne sera employée qu'a préparer de nouveaux et vigoureux rameaux à fruits pour la troisième année; lesquels, à leur tour, empêcheront, pendant leur fructification, la naissance ou le développement de ceux de la quatrième ; et ainsi de suite...

En d'autres termes, le système de taille bisannuelle, favorise au lieu de la combattre, la tendance que pourrait avoir l'olivier à ne donner du fruit que de deux ans l'un.

Cela est tellement vrai, Messieurs, qu'on peut, à son gré, intervertir l'ordre de la bonne ou de la mauvaise récolte. en devançant ou retardant la taille d'une année. C'est ce qui a lieu quand on pratique la taille trisannuelle qui,sous aucun rapport,ne vaut mieux que celle que je viens de battre en brêche. On en arrive toujours à avoir une récolte relativement bonne l'année qui suit celle où l'arbre à été taillé; et, à la suite de celle-ci, une récolte médiocre ou nulle.

Au lieu donc de vous enticher d'un système erroné, tâchez de vous rendre à cet argument non moins simple que logique :

Puisque l'olivier, par sa nature et son mode de végétation,

(1) Chacun sait qu'il est d'usage, dans le Var et les départements voisins, de tailler l'olivier dans l'année qui suit celle où il a donné sa bonne récolte.

pousse chaque année le bois qui doit fructifier l'année suivante, ne le tailler que de 2 en 2 ou de 3 en 3 ans, c'est traiter inégalement ses différentes séries de pousses, et s'exposer par suite à ce qu'elles donnent des produits inégaux.

D'ailleurs, Messieurs, l'Agriculture étant une science d'application, vous fournit un moyen bien simple de vérifier mes théories. Cette vérification a été déjà faite par plus d'un arboriculteur. Répétez l'expérience. Vous savez ce que vous a donné jusqu'ici la taille bisannuelle ou trisannuelle. Pourquoi n'essayeriez-vous pas de la taille annuelle? Quels risques avez-vous à courir ? En peu d'années, je vous l'atteste, vous aurez à vous féliciter de vos essais.

Ne prenez pas pour règle, je vous le répète, ce que fait ou peut faire l'arbre à l'état naturel ; car, d'inductions en inductions, vous seriez amenés à nier les bons effets de la taille non seulement sur l'olivier, mais sur tous les autres arbres ; et votre ambition, conforme alors aux vues de la nature, se bornerait à demander aux arbres des éléments reproducteurs (graines, pepins ou noyaux) absolument dépourvus de pulpe ou matière nutritive.

Examinons maintenant, par une appréciation comparative, la différence des produits d'un même arbre pendant deux années consécutives, suivant qu'il est soumis à la taille annuelle ou à la taille bisannuelle. Seulement, soyons de bonne foi, et, en admettant les faits qui se produisent le plus habituellement, ne perdons pas de vue ce grand principe d'Arboriculture:

qu'une taille bien faite, en régularisant le développement de la charpente, fait tourner, au profit de la fructification , une plus grande quantité de sève.

Nous prenons notre olivier au printemps de l'année où il doit donner sa bonne récolte. Comme bien vous pensez , un grand nombre de rameaux garnis d'yeux à fruits se sont développés pendant l'été précédent et vont bientôt se mettre en fleur. L'arbre pourra, si tout arrive à bien, donner un sac d'olives.

Supposez qu'appliquant à cet arbre une taille modérée , un simple émondage, on retranche, soit par l'ébourgeonnement, soit par le raccourcissement, un tiers environ de ses rameaux ; la récolte sera bien peu diminuée ou même ne le sera pas du tout ; car, s'il y a moins de fruits, ces fruits seront plus gros et mieux nourris et donneront chacun une plus grande quantité d'huile. On gagnera donc d'un côté ce qu'on aura perdu de l'autre, et à défaut du sac d'olives que promettait la récolte, on aura très-probablement un produit équivalent.

Eh bien, Messieurs, l'expérience démontre que les sucs nourriciers du sol étant moins épuisés par cette récolte que par celle qu'aurait donnée l'arbre non soumis à la taille, préparent, pour la récolte de l'année d'après, plus de rameaux à fruits qu'ils ne l'auraient fait dans le cas contraire (1). De sorte que notre arbre se trouve encore, au printemps suivant, dans le même état où nous l'avons trouvé au commencement de la première année : il peut subir un nouvel émondage et donner encore une récolte raisonnable; peut-être égale à la première (et elle devra l'être après quelques années d'application de ce système, c'est-à-dire quand le mouvement de la sève aura été régularisé et la constitution de l'arbre amendée).

Quoiqu'il en soit, cette seconde récolte sera de beaucoup supérieure en volume, comme en qualité, à celle qu'aurait donnée l'arbre taillé d'après l'ancien système.

Je ne vous dis pas, Messieurs, que la taille ou mieux l'émondage annuel, portant uniquement sur les jeunes pousses, ne saurait, en aucune manière, arrêter le développement progressif de la charpente; Je ne vous dis pas que l'ébourgeonnement ou le pincement d'un certain nombre de rameaux, notamment dans les parties hautes, atténue la tendance naturelle de la sève à se porter au sommet, et prévient ainsi le dégarnissement de la base de l'arbre ; je ne vous dis pas, en un mot, que ce double effet a pour conséquence forcée d'étendre cha-

(1) La théorie peut d'ailleurs expliquer ce fait en établissant que tous les sucs qui auraient servi à la formation des noyaux et autres organes ligneux supprimés par la taille, n'ont pu être absorbés par l'augmentation de la partie charnue des fruits conservés.

que année la surface productive de cet arbre : tout cela parle de soi. Ce que je déclare et ce que je puis affirmer en toute assurance, en m'appuyant sur les faits que je viens d'exposer, c'est que les deux récoltes que vous obtiendrez de cette manière, rapporteront plus d'olives que les deux que vous auriez obtenues en vous bornant à la taille bisannuelle ; et en supposant qu'il n'y en eût qu'une égale ou même qu'une moindre mesure, il est hors de contestation que les fruits étant plus beaux et plus charnus, produiront une plus grande quantité d'huile. D'où, moins de frais de cueillette, moins de frais de détritage et rendement plus considérable. Je vous prouverai tout à l'heure que l'exécution de la taille doit aussi coûter moins cher.

Mais sont-ce là tous les avantages de la taille annuelle et de la régularisation des récoltes ? Non, Messieurs ; écoutez :

Je ne sais pas si vous admettez avec moi que l'huile ainsi obtenue sera de meilleure qualité ; mais vous ne pourrez nier qu'elle n'ait (en attendant du moins que le nouveau système se soit généralisé) une plus grande valeur et ne rende par conséquent davantage à ceux qui adopteront ce système. Que sert, en effet, d'avoir un peu plus ou un peu moins d'huile quand tout le monde en a et qu'elle se vend à bas prix ? Mieux vaut, ce me semble, faire une bonne ou au moins une moyenne récolte, quand la rareté donne de la valeur aux produits : or, c'est le cas qui se présente généralement un an sur deux avec la méthode actuelle de culture.

Autre avantage : avec l'ancien mode de taille, si, par suite d'une longue sécheresse, d'un orage ou de toute autre cause, une bonne récolte vient à manquer, le propriétaire est, pendant trois années consécutives, privé de récolte, sans que pour cela ses arbres lui coûtent moins cher ; en pratiquant la taille annuelle, toutes choses égales d'ailleurs, il ne peut perdre qu'une année.

Enfin, Messieurs, ne comptez-vous pour rien le défaut d'harmonie dans la végétation de vos arbres, les secousses pénibles imprimées à ces arbres par les épuisements et les rétablissements successifs inséparables de l'alternance des récoltes, et qui sont encore aggravés par les effets d'une taille sévère ? Je les compte pour quelque chose, moi, et même pour beaucoup ; car je compare l'arbre qui y est soumis, à une personne affligée d'une affection périodique quelconque : il est bien rare, vous le savez, que, tôt ou tard, cette maladie ne lui devienne mortelle. Aussi, supputez, si vous le pouvez, les beaux arbres que vous avez vus périr en pleine fructification !

Époque de la taille.

L'époque de la taille est un point qui mérite aussi de fixer l'attention des propriétaires d'oliviers. Nous avons vu qu'en général le moment le plus favorable pour cette opération est celui du repos de la végétation. Ainsi, pour le poirier et la plupart des autres arbres à fruits, ce moment est celui où l'arbre vient d'être dépouillé de ses feuilles, sauf les exceptions nécessitées par la constitution plus ou moins vigoureuse de certains sujets, ou par le plus ou moins de disposition qu'ils paraissent avoir à se mettre à fruit.

Pour l'olivier ce moment n'existe pas : sa végétation ne s'arrête jamais et ses feuilles sont, comme on sait, persistantes. Mais la simple analogie nous conduit à choisir, pour l'opération de sa taille, l'époque où sa végétation est sinon suspendue du moins ralentie, c'est-à-dire le moment compris entre la cueillette du fruit et le premier mouvement des nouveaux boutons à fleurs. Je n'ai pas besoin d'ajouter, Messieurs, que cette époque de demi-sommeil a lieu dans les mois de *janvier* et de *février*.

« *Mais*, dira le cultivateur, prompt à se récrier sur tout ce qu'il n'a pas l'habitude de faire ou qu'il n'a pas cherché à s'expliquer, *mais la taille faite à cette époque tuerait la moitié de nos arbres.* » Patience, Messieurs ! Nous tâcherons de tout concilier. Rappelez-vous seulement que, quand je dis *taille*, je n'entends pas parler de *la vôtre*, de celle que je voudrais extirper de vos usages ; mais bien de *la taille rationnelle*, de celle que j'ai pour mission de vous faire adopter.

Je sais qu'il est imprudent de tailler comme vous le faites, c'est-à-dire d'ébrancher, de mutiler les oliviers en hiver, car les plaies faites aux branches les mettraient en danger de périr, si elles étaient atteintes par de fortes gelées; je sais encore,ou mieux je vous concède qu'un élagage sévère, en dépouillant l'arbre d'une grande partie de ses rameaux et de son feuillage, laisse le tronc plus à découvert et le rend, par conséquent, plus accessible à l'action du froid. Aussi, vous dis-je tout de suite : Quand vous aurez à pratiquer une semblable taille, quand, pour une bonne raison, vous aurez à supprimer des quartiers et des rameaux forts et nombreux, attendez (sauf le cas d'une bonne exposition ou d'arbres peu délicats) les premiers jours de mars,et continuez pendant tout ce mois et le suivant. Mais si vous adoptez un jour ma méthode et consentez à résumer la taille de l'olivier par les deux mots *ébourgeonnement* et *pincement*, oh ! alors les inconvénients qui vous effrayaient disparaissent; alors vous pouvez, vous devez même commencer la taille immédiatement après la récolte; car vous réunirez à l'avantage de débarrasser plus tôt vos arbres de leur bois inutile, celui de faire jouir exclusivement les rameaux réservés des salutaires influences que doit leur apporter le réveil complet de la sève de printemps.

N'oublions pas de signaler un troisième avantage de la taille précoce,celui de l'économie ; elle laisse,en effet,plus de latitude (*4 mois au lieu de 2*) pour son exécution, et met ainsi le propriétaire à l'abri du renchérissement des journées

Taille d'été.

Mais pourquoi ne pourrions-nous pas, en vertu de notre système d'assimilation par analogie, admettre pour l'olivier, comme pour les autres arbres à fruits, une taille d'été; c'est-à-dire pratiquer, sur les rameaux vigoureux de l'année, un *pincement* qui, refoulant la sève à leur base, y provoquerait la formation de nouveaux bourgeons fructifères pour l'année suivante; et sur les rameaux de deux ans qui sont dépourvus de fruits et qui, par suite de leur défaut de vigueur ou de leur position importune sur la branche, ne paraissent pas susceptibles de pouvoir être conservés à la taille d'hiver, un *ébourgeonnement* qui ferait tourner au profit de la récolte pendante la sève qu'ils eussent inutilement absorbée.

Cette idée, Messieurs, vous paraîtra un rêve, une utopie, comme toutes les idées nouvelles. Ne la condamnez pas, je vous prie, avant de l'avoir expérimentée.

Je sais tous les petits inconvénients qui s'y rattachent en l'état du mode actuel de culture, avec nos arbres informes et leurs rameaux à fruits perchés aux extrémités des branches charpentières, les difficultés de l'opération, les dangers pour la récolte : tout cela est connu, prévu, calculé. Mais admettez qu'à un jour donné on brise avec les préjugés pour adopter une méthode de taille rationnelle, et que les oliviers, avec tout le développement qu'on voudra leur supposer, soient soumis à une forme régulière et dégagée, la taille d'été devient dès lors chose très-possible, je dirai même très-avantageuse ; car elle contribuera, avec plusieurs autres causes déjà citées, à régulariser la production de l'olivier ; elle suppléera presque entièrement, dans un grand nombre de cas, aux opérations de la taille d'hiver ; enfin, elle étendra la limite de la durée de ces opérations et en diminuera, par conséquent, les frais d'une manière notable.

Cette taille se pratiquerait dans le courant du mois de juillet ou d'août, plus tard, notez le bien, que pour les autres arbres, parce que l'olivier entre plus tard en végétation sensible et fleurit aussi plus tard. Pour mon compte, je l'ai expérimentée sur quelques sujets, et toujours j'ai eu lieu de me féliciter de mes essais. Espérons que de nouvelles expériences viendront bientôt donner plus de poids aux considérations que je me suis hasardé à vous soumettre.

CHAPITRE III.

Quelle est la forme de charpente qui convient le plus à l'Olivier ?

L'olivier doit-il être disposé en pyramide, en gobelet, en boule ou en éventail ? On a longuement et vivement discuté sur cette question, Messieurs, comme sur les deux précédentes. Discussions vaines ! l'expérience a constamment prouvé que cet arbre s'accommode indistinctement de toutes les formes et qu'il est dans toutes également productif. Il a même, sur les arbres de sa classe, l'avantage qu'on peut toujours, à l'aide soit d'entailles (1) soit de simples piqûres pratiquées sur l'écorce, faire naître des ramifications partout où elles sont jugées nécessaires. Seulement la, lenteur de sa végétation sur les terrains maigres est cause que la confection de sa charpente va moins vite que dans les autres espèces, et prend quelquefois jusqu'à 20 ou 30 années.

Les amateurs pourront exercer leur talent et satisfaire leur goût pour la taille, en appliquant à cet arbre les diverses formes qui ont été décrites pour les plein-vent comme pour les espaliers. Quant à nous, cultivateurs, qui n'avons que peu de temps à consacrer à ce travail, et qui devons, en toute chose, sacrifier l'agréable à l'utile, le choix ne sera ni embarrassant, ni douteux. La forme la plus simple, la plus facile à élever et à entretenir, celle qui s'adapte aux variétés les plus faibles comme aux plus vigoureuses, celle enfin qui, tout en rendant la diverses parties de la charpente accessibles aux bienfaisantes influences de l'air, de la lumière et de la chaleur, simplifie et réduit le plus le travail de la taille comme celui de la cueillette du fruit, est celle que nous adopterons.

Cette forme est celle en *Gobelet* que tout le monde connaît. Je ferai seulement remarquer que, l'olivier pouvant atteindre jusqu'à 6 et même 8 mètres de hauteur, il faut l'évaser assez, ou en d'autres termes, en écarter suffisamment les branches de construction pour que la surface intérieure ne soit jamais privée des rayons du soleil.

(1) On nomme *entaille* une double incision avec enlèvement de la bande d'écorce intermédiaire, qu'on pratique sur certains points de la charpente d'un arbre, quand on veut y faire affluer une plus grande quantité de sève des racines et les mettre à l'abri de l'action de la sève descendante. Les entailles ont la forme d'un croissant ou d'un chevron et se font, à l'aide de la serpette ou de tout autre instrument tranchant, à l'époque du réveil de la végétation, c'est-à-dire en février, mars ou avril, suivant l'espèce d'arbre à laquelle on les applique.

Laissons les partisans des formes *écrasées* se récrier contre l'action des vents. Quand la forme que je préconise résiste à cette action et produit de très-beaux résultats dans des régions célèbres par les vents impétueux qui y règnent (je veux parler de quelques territoires situés sur les confins des arrondissements d'Aix et d'Arles). Ce n'est pas dans nos pays relativement calmes qu'elle peut tant la redouter. Nos oliviers y résisteront toujours, et leurs fruits, portés par des rameaux courts attachés sur toute la longueur des branches de charpente, auront moins à en souffrir que sous les formes actuelles.

Laissons également se récrier les partisans des formes pleines, en *boules ou hémisphères*. Ils ont beau vouloir nous insinuer que ces formes ombragent mieux l'intérieur des arbres et les protègent contre l'action trop vive des rayons solaires. Les branches de nos oliviers, n'étant plus mutilées par des suppressions considérables, n'auront plus à en souffrir. Au contraire, c'est sous leur salutaire influence qu'elles se garniront, en dedans et en dehors de la forme de l'arbre, d'une double enveloppe de productions fruitières.

D'ailleurs, Messieurs, la forme en gobelet appliquée à l'olivier n'est pas une nouveauté. Elle est, je vous l'ai dit, presque exclusivement employée dans la région du département des Bouches-du-Rhône comprise entre Marseille et Arles, le pays de France où, de l'avis de tous les hommes compétents, on taille le mieux cet arbre ; elle commence même à se propager entre Marseille et La Ciotat ; enfin quelques intelligents propriétaires du Var ont essayé de l'introduire dans leurs vergers. Je ne saurais trop vous engager à suivre un si bon exemple.

Surtout, Messieurs, renoncez à une pratique funeste, malheureusement trop répandue dans notre département, et qui consiste à dégarnir, à chaque taille, la base des arbres. Ce sont les branches latérales et inférieures qui fructifient le plus abondamment, quand elles ne sont pas privées de l'action du soleil. Ne soyez pas de ceux qui disent : « Mais cela nous prend trop de place et nous empêche de labourer ; .. nous ne pouvons plus faire du blé. » Il faudrait, pour être en droit de raisonner de la sorte, que le blé qu'on récolte en plus autour du pied d'un olivier ainsi réduit, eût une valeur supérieure à celle des olives qu'on sacrifie en retranchant les branches en question : mais il n'en est rien. Supposons, en effet, que, par cette suppression, on arrive à gagner 20 mètres carrés autour de chaque arbre. Eh bien, la plus-value de la récolte en blé ne sera pour chacun que de 3 à 5 litres ; c'est-à-dire d'une valeur moyenne de 1 fr. tous les deux ans, ou soit, 0,50 cent. par an ; tandis que la récolte annuelle d'olives dont on se prive, évaluée seulement en moyenne à 1 décalitre par arbre, ne saurait, en aucun cas, valoir moins de 1 fr. A ce compte, une propriété complantée de 100 oliviers, par exemple, (j'entends des arbres faits) rapporte annuellement environ 50 fr. de moins qu'elle ne rapporterait en procédant autrement.

Les incrédules vont peut-être répondre à ce calcul par des signes de dénégation J'ai l'habitude de voir sourire le cultivateur quand je compte pour lui et que je l'avertis de ses imprudences; mais ce sourire n'ébranle pas ma conviction. Le routinier compte d'après ce qu'il a fait; et moi, d'après ce qu'il aurait dû faire : voila toute la différence.

CHAPITRE IV.

Quels sont les moyens les plus propres pour augmenter et régulariser la production de l'Olivier ? ou, en d'autres termes, *quels sont les procédés à employer dans la taille rationnelle de cet arbre ?*

La méthode de taille rationnelle de l'olivier ne devrait être qu'une application légèrement modifiée de celle que nous avons exposée pour le pêcher et les autres arbres à fruits à noyaux, puisque le mode de fructification des divers arbres qui composent cette classe est le même. Ainsi, en donnant la préférence à la forme en *Gobelet*, la charpente devrait généralement se composer de 3, 4 ou 5 branches-mères partant d'un pied unique à une hauteur d'environ 0,75 centimètres au-dessus du sol ; se divisant, par dés bifurcations ou des ramifications établies à une distance à peu près égale de leur naissance, en un nombre double de sous-mères ; lesquelles se subdiviseraient encore à la même longueur de 0,75 centimètres ; et ainsi de suite, en élevant progressivement l'arbre jusqu'à ce qu'il eût atteint son maximum de croissance ; et l'évasant assez pour que, dans sa plus grande hauteur, les rayons du soleil (que l'on suppose arriver sous l'inclinaison moyenne de 35 à 40 degrés) pussent atteindre toutes les parties intérieures de la charpente.

Chaque branche de construction devrait être régulièrement garnie, de la base au sommet, de rameaux à fruits soumis à l'ébourgeonnement et au pincement annuels, et remplacés tous les 2 ou 3 ans au moyen de pousses qui surgiraient à leurs bases, et dont, à la rigueur, on pourrait provoquer la naissance et activer le développement par une taille un peu plus sévère pendant l'année qui précèderait celle du remplacement.

Mais cela n'est pas toujours rigoureusement possible à l'égard d'un arbre qui, bien que très-vivace et très-rustique, végète quelquefois lentement dans un pays qui est presque la limite de son climat, sur des terres souvent maigres et sèches, et avec la cherté de la main d'œuvre résultant de la pénurie des bras qui règne dans ce pays.

C'est pourquoi la méthode de taille de l'olivier, quoique basée sur les mêmes préceptes que celle des autres arbres à noyaux, devra souvent s'écarter des principes que j'ai établis pour la culture du jardin fruitier.

Je vais, Messieurs, vous exposer en peu de mots les règles de cette méthode, en vous prévenant d'avance qu'elles peuvent, notamment dans la grande culture, recevoir de nombreuses modifications, tant pour ce qui à trait à la formation de la charpente que pour ce qui regarde l'obtention et l'entretien des rameaux à fruits.

Je dois vous prévenir encore que le sujet que je prendrai pour exemple dans mes explications, est supposé très-vigoureux et planté, dans les meilleures conditions possibles, sur un sol riche et bien cultivé ; de telle sorte que toutes ces circonstances réunies me permettent d'ériger, chaque année, une série de branches charpentières, résultat qu'on n'obtiendrait jamais si l'arbre végétait lentement. Inutile d'ajouter que si, par contre, la formation de chaque série de branches devait prendre 2 ou 3 ans, il faudrait un nombre double ou triple d'années pour élever l'arbre. Mais cela ne changerait rien à la manière de procéder; on pratiquerait seulement de 2 en 2 ou de 3 en 3 ans les opérations que j'indique pour chaque taille annuelle.

Taille de la charpente de l'Olivier.

D'après les données qui précèdent, 5 ou 6 tailles consécutives doivent suffire pour imposer aux jeunes oliviers un commencement de forme et les mettre à même de donner un commencement de récolte.

1re Taille.— Supposons, en effet, un plant d'olivier de la grosseur d'un manche de bêche, *pris en pépinière et planté avec la plus grande partie de ses racines*, soit en automne, soit dans le courant de février ou de mars, *après avoir été coupé à la hauteur de* 0,75 *centimètres au-dessus du collet de la racine.*

La première année, on laisse pousser le jeune arbre en toute liberté pour en aider la reprise en favorisant le développement des radicelles qui, comme on sait, se forment sous l'action de la sève descendante élaborée dans les feuilles.

Seulement on a soin de choisir, parmi les premières pousses, les 3 ou 4 bourgeons que l'on destine à former les branches-mères ou soit la première série de branches charpentières. Ces bourgeons, pris parmi les plus vigoureux et convenablement placés pour leur destination, seront, pendant toute l'année, l'objet d'une surveillance scrupuleuse; et si l'on s'apercevait qu'ils fussent dépassés par d'autres pousses, il faudrait arrêter celles-ci par le pincement.

Si l'arbre n'avait pas été greffé en pépinière, on pourrait, au lieu d'attendre le développement naturel des bourgeons qui doivent constituer la première série de branches, poser, dans le courant de mai, autour et à proximité de la section faite par la taille, 3 ou 4 écussons auxquels on donnerait la surveillance et les soins que je viens d'indiquer. Mais si, par défaut de sève, l'écorce du sujet était trop adhérente au bois et ne s'enlevait que difficilement, il faudrait renvoyer l'opération à l'année suivante; et alors, au lieu de greffer sur la tige, on poserait les écussons sur la base des jeunes pousses réservées.

Dans l'un comme dans l'autre cas, il faut faire une incision ou une entaille au-dessus des points où sont placés les écussons, afin de les préserver de l'action de la sève descendante.

2° Taille.— Pendant l'hiver qui suit l'année de la plantation, on supprime tous les rameaux qui se sont développés sur le jeune plant, en ne laissant que les 3 ou 4 que l'on destine à former les branches-mères. Mais comme ces derniers rameaux peuvent être de force inégale, on a soin de rétablir l'équilibre dans leur végétation, en raccourcissant suffisamment les plus forts et taillant très-long ou ne taillant pas du tout les plus faibles. Les sections devront toujours être faites en biseau et convenablement placées pour le prolongement; c'est-à-dire, qu'on laisse le dernier œil sur le côté où l'on veut diriger la branche.

Les ramifications nécessaires pour constituer la charpente de l'olivier peuvent, comme celles des autres espèces d'arbres, être obtenus par la taille d'hiver pratiquée, chaque année, au-dessus de deux bons yeux latéraux placés à une hauteur uniforme sur les sections annuelles des diverses séries de branches charpentières. De sorte que, la première série étant composée de 4 branches, la deuxième en aura 8, la troisième 16, et la quatrième 32, qui suffiront dans bien des cas pour garnir tout le périmètre de l'arbre. Cette méthode est celle que j'ai exposée en parlant de la taille du poirier; je n'y reviendrai donc pas aujourd'hui. Mais je crois devoir, Messieurs, vous indiquer un procédé beaucoup plus simple pour la confection de la même charpente, qui permet de conduire et former un arbre presque sans taille et à l'aide du seul pincement.

Ce procédé que je n'applique ici qu'à l'olivier, peut, sauf quelques légères modifications, être employé avec succès dans la taille des autres espèces d'arbres et particulièrement de l'*amandier*, du *prunier*, de l'*abricotier* et du *cérisier*.

Taille d'été. — Pendant la pousse d'été, on fait choix d'un bourgeon de l'année, situé du même côté et à la même hauteur (environ

0,75 centimètres) sur chacune des branches-mères; on le laisse se développer librement en même temps que, pour le pincement, on arrête les autres, moins toutefois le terminal, à la longueur de 0,20 à 0,25 centimètres (1).

Nota.— Les bourgeons anticipés, c'est-à-dire les bourgeons qui se développent sur les jeunes branches de l'olivier, étant presque perpendiculaires au rameau qui les porte, il faudra, pour éviter les coudes brusques, choisir toujours pour établir les ramifications ceux qui seront le plus convenablement placés, c'est-à-dire qui feront le plus petit angle avec la direction des branches-mères; et, si cela est nécessaire, les tenir dans le degré d'inclinaison qu'ils doivent avoir à l'aide de piquets ou d'un cerceau en osier.

Le bourgeon terminal ou de prolongement devra toujours être laissé du côté où l'on croira nécessaire de ramener la branche; et, quand celle-ci aura une direction convenable, en dehors ou du côté opposé à celui de la section immédiatement inférieure.

Les bourgeons latéraux non pincés se développent promptement sous l'influence d'une sève abondante, et forment la deuxième série de branches charpentières.

3e Taille. — La 3e taille comprend:

1° L'ébourgeonnement, c'est-à-dire, la suppression de toutes les pousses mal placées ou inutiles.

Cet ébourgeonnement doit être fait de telle sorte qu'il ne reste sur chaque section de branche que 7 ou 8 rameaux échelonnés en spiriale ou pas de vis de 0,30

(1) Nous avons vu, page 27, que la taille d'été est toute facultative pour l'olivier Je rappelle donc aux propriétaires qui ne se soucient pas de la mettre en usage, que les opérations indiquées pour cette taille, peuvent tout aussi bien être faites à la taille d'hiver précédente, à la suite de celles qui ont été prescrites pour cette dernière saison. La taille d'été n'est rigoureusement nécessaire que pour les autres espèces d'arbres que l'on veut soumettre à un traitement suivi; et encore doit-elle être effectuée à une époque moins avancée que pour l'oliviar. Cette époque varie du 15 avril à fin mai.

en 0,30 centimètres de distance sur toute la longueur de la section. On doit en outre prévenir la confusion des rameaux fructifères, en évitant de conserver, sur deux branches voisines, des bourgeons situés à la même hauteur et se faisant face. De cette manière, les rameaux, en se développant, rempliront, sans se contrarier, l'espace laissé vide entre les branches.

Enfin, il ne faut pas arracher les jeunes pousses avec la main, mais les couper avec le sécateur ou une serpettte bien affilée, pour éviter de faire des plaies larges et déchirées qui se recouvriraient plus difficilement.

2° Le raccourcissement proportionnel des branches de charpente, pour rétablir l'équilibre dans leur végétation et faire développer en bourgeons les yeux dont elles sont garnies.

On a soin, comme à la seconde taille, de faire la coupe en biseau sur un bon œil convenablement placé pour le prolongement. L'œil terminal du côté opposé peut être éborgné si l'on craint qu'il ne nuise au développement du premier. Les branches faibles sur lesquelles on jugerait nécessaire d'appeler la sève, ne sont pas taillées du tout.

3° Enfin, la taille à 0,25 centimètres de tous les bourgeons conservés sur les deux premières séries de branches, et qui sont destinés a former des rameaux à fruits.

Cette troisième opération n'est, pour l'Olivier, autre chose qu'un pincement plus ou moins intense que la dureté des pousses de cet arbre empêche de faire avec l'ongle : Voilà pourquoi j'ai conseillé dès le début d'employer des ciseaux ou un petit sécateur. Mais pour les autres arbres, auxquels j'ai dit que cette méthode pouvait s'appliquer, la même opération serait une vraie taille des rameaux fructifères pincés pendant l'été précédent, et devrait être faite avec le sécateur ordinaire ou une serpette.

Taille d'été. — A la pousse d'été qui suit, on fait choix, sur le prolongement de chaque branche-mère, du bourgeon anticipé que l'on destine à former la seconde ramification. Cette ramification doit être à environ 0,75 centimètres de la première et alterner avec celle-ci, c'est-à-dire que, si l'une à été formée par un bourgeon pris à droite de la branche, l'autre s'établira sur la gauche Les autres bourgeons sont arrêtés par le pincement à 0,20 ou 0,25 centimètres de leur naissance ; et le terminal à quelques centimètres au-dessus du point ùo devrait l'abaisser la taille d'hiver (1):

AUTRES TAILLES. — Les tailles suivantes se font absolument comme la troisième. Il s'agit toujours, comme dans celle-ci :

De retrancher les pousses inutiles ou mal placées ;

D'entretenir l'équilibre de végétation par une égale répartition de la sève entre toutes les parties de l'arbre ;

De raccourcir suffisamment les nouveaux prolongements des branches charpentières pour que tous les yeux qui les garnissent puissent se développer en rameaux fructifères ;

De tailler assidûment les jeunes pousses de ces derniers rameaux à la longueur de 0,20 à 0,25 centimètres ;

Enfin, d'établir, sur les diverses sections des branches-mères, des séries successives de ramifications alternes, distantes l'une de l'autre d'environ 0,75 centimètres.

Après la 4e ou la 5e taille, on supprime complètement les rameaux que portent les branches-mères entre le tronc et la première bifurcation, et que l'on avait conservés uniquement en vue de faire grossir les branches sur ces points, en y attirant une grande quantité de sève. Cette suppression rendra plus faciles les labours, la taille des rameaux fructifères et la cueillette des olives.

(1) On nomme bourgeons anticipés ceux qui naissent et se développent sur les pousses de l'année. Ce mot est pris ici dans le sens plus général de jeunes bourgeons ; car il arrive souvent que celui qu'on destine à former une ramification, est pris sur le bois de l'année précédente.

On appelle œil au bourgeon terminal celui qui se trouve immédiatement au-dessous de la section faite par la taille ; en d'autres termes, c'est le dernier bourgeon réservé au sommet d'une section, pour le prolongement de la branche.

Je ne saurais trop vous rappeler, Messieurs, que les branches de construction doivent être très-évasées à partir de la base, jusqu'à une hauteur de 2 à 3 mètres, et dirigées ensuite dans un sens presque vertical. Il ne devra jamais y avoir entr'elles une distance moindre de 0,60 à 0,70 centimètres en tout sens.

L'arbre formé peut avoir jusqu'à 18 et même 24 mètres de circonférence, le tiers à peu près en hauteur, et compter de 30 à 40 branches charpentières dans le périmètre de sa partie supérieure (1).

Une fois la chapente élevée à ce point, on se contente de raccourcir chaque année, les prolongements annuels des branches de construction à quelques centimètres au-dessus de leur naissance, ou même sur la limite qu'ils ne doivent pas dépasser, afin de prévenir une trop grande extension de ces branches, de refouler la sève vers la base et de favoriser ainsi le développement des rameaux fructifères et celui des bourgeons de remplacement dont il sera parlé tout à l'heure. Enfin, on enlève les branches mortes ou malades que l'on tâche, au besoin, de remplacer par les gourmands qui ne manquent jamais de surgir au-dessous des points où les amputations ont été faites.

Rajeunissement de l'Ollivier.

Lorsque les oliviers ont fait à peu près toute la croissance dont ils sont susceptibles dans chaque pays, on peut en obtenir les mêmes récoltes pendant un assez grand nombre d'années, en continuant à soumettre leurs rameaux de prolongement aux opérations que je viens de décrire, et leurs rameaux fructifères à celles que j'indiquerai tout à l'heure. Mais quand leur vigueur commence à diminuer, que leurs jeunes pousses ne sont ni aussi fortes, ni aussi multipliées ; que la sève, en

(1) Dans nos contrées bien entendu. Ces dimensions, déjà grandes pour la région limite de la culture de l'olivier, pourraient être de beaucoup dépassées si l'on opérait dans les pays où la végétation de cet arbre est plus active et plus vigoureuse, tels que le département des Alpes-Maritimes, l'Algérie, etc.

un mot, circule péniblement à travers leurs tissus, et que, par suite. certaines parties de la charpente se dégarnissent ; il convient de s'occuper de leur restauration ou de leur rajeunissement. Pour cela, on les rabaisse sur le premier étage de branches ou mieux encore sur la souche; et on procède ensuite à leur réédification au moyen des nouvelles pousses. Il ne faudrait pourtant pas confondre cette restauration d'un vieil arbre avec le système de taille sévère que je me suis attaché à combattre dans la première partie de cet entretien. Celui-ci fait entrer l'ébranchement dans la pratique usuelle de la taille, et partant le renouvelle tous les 2, 3 ou 4 ans; tandis que l'autre n'est qu'une opération exceptionnelle, à laquelle il est rare, sauf le cas d'accidents imprévus, qu'on soit obligé de recourir plus d'une fois dans chaque siècle.

Voila pour la formation, l'entretien et le renouvellement de la charpente.

Taille des rameaux à fruits de l'Olivier.

La taille des rameaux fructifères n'offre pas plus de difficultés. C'est presque uniquement sur ces rameaux que porte l'émondage annuel, et cet émondage se résume, avons-nous dit, par les deux mots *ébourgeonnement* et *pincement*.

Je vais vous prouver maintenant que cette double opération est plus élémentaire que vous n'avez pu le croire jusqu'ici.

Supposons notre charpente construite ou en construction et plaçons-nous devant une quelconque de ses branches, puisque toutes se ressemblent à peu de chose près. Que voyons-nous ? — Sur toute la longueur de cette branche, des productions plus ou moins développées, plus ou moins ramifiées, mais atteignant rarement, avec toutes leurs ramifications une longueur de 0,60 à 0,70 centimétres.

Supposons encore que ces productions soient, par suite de l'ébourgeonnement que j'ai conseillé de faire sur chaque nouvelle section des branches charpentières, convenablement distribuées pour faire des rameaux à fruits.

Si je disais à un cultivateur qui n'a jamais taillé le moindre olivier, à une femme, à un enfant :

1• Tous les ans, au mois de février, dc mars ou d'avril, vous supprimerez, *à l'aide de ciseaux ou d'un sécateur, pour ne pas fatiguer vos ongles*, l'extrémité de tous les bourgeons longs de 0,20 à 0,25 centimètres, notamment ceux qui ont une direction verticale *(c'est-à-dire qui montent vers le ciel)* et ceux qui se rapprochent le plus de l'extrémité de la branche ;

Je ne pense pas le moins du monde que cette personne trouvât de l'embarras on de la peine dans la pratique d'une semblable opération.

Voilà le Pincement.

Il en serait de même si, à ce premier précepte, j'ajoutais celui-ci :

2° Quand vous remarquerez, vers les extrémités de vos rameaux fructifères, des pousses de l'année (1) trop rapprochées, n'ayant, par exemple, que 0,02, 0,03 ou 0,04 centimètres de distance entr'elles, vous les éclaircirez, *non en retranchant les deux bourgeons opposés (en criox) qui naissent en un même point, mais en alternant, c'est-à-dire en coupant un bourgeon à chaque série de deux, de manière à laisser toujours le bourgeon opposé à celui qui a été laissé sur la série précédente.*

Voilà l'Ébourgeonnement.

Cet ébourgeonnement, qui se fait avec une serpette bien affilée, doit, comme le pincement, porter de préférence snr les pousses qui

(1) On les reconnaît en ce qu'elle sont toujours un œil dans l'aisselle des feuilles.

affectent une direction verticale, sans toutefois dégarnir complètement tout un côté du rameau.

Si le bourgeon terminal de ce rameau tend à s'allonger outre mesure, on le rabat sur la naissance dn bourgeon latéral immédiatement inférieur.

Enfin quelle difficulté trouveriez-vous dans l'application de cette 3me règle :

3° Les rameaux gourmands (1) seront, soit à la taille d'hiver soit à celle d'été, ravalés au-dessus de leur empâtement; (2) et les pousses dont cette taille provoquera la naissance, seront éclaircies, pincées, en un mot, traitées comme des rameaux à fruits ordinaires. (3)

C'est pourtant là, Messieurs, tout ce que j'avais à dire au sujet de ce *pincement* et de cet *ébourgeonnement* dans lesquels se résument presque toutes les opérations de la taille de l'olivier. Je dis presque, car il y a une 4me opération qui fait l'objet d'une 4e règle ; mais eelle-ci est la dernière ; et, comme vous allez voir, elle ne présente pas plus de difficulté que les trois qui précèdent.

Les considérations ci-après nous conduiront tout naturellement à l'énoncé de cette règle.

Si, une fois l'arbre formé, on se bornait, pendant plusieurs année

(1) *Leis tétaïrés*, rameaux affilés qui naissent et s'allongent spontanément sur une branche de charpente et en détournent une partie de la sève destinée à alimenter les productions fruitières.

(2) On donne le nom d'empâtement au petit bourrelet ou renflement charnu qui se trouve à la base d'une branche.

(3) A moins toutefois que ces gourmants ne soient nécessaires pour suppléer une branche de construction, auquel cas on les conduira par des tailles successives faites de 0,50 en 0,50, centimètres chaque année, au maximun de développement qu'ils doivent avoir.

consécutives, à renouveler, sur les nombreux rameaux à fruits qui en garnissent les branches, les opérations d'émondage qui font l'objet des trois règles que vous connaissez, il pourrait certainement s'en rencontrer qui se prêtassent indéfiniment à ce mode de traitement et qui, à mesure qu'on les dégarnirait d'un côté, jetassent de nouvelles pousses de l'autre, de manière à constituer une source inépuisable de productions fruitières. Mais il s'en trouverait aussi qui, moins dociles aux soins dont ils seraient l'objet, montreraient des dispositions toutes différentes. Les uns tendraient à s'allonger en se dégarnissant à leur base; les autres se présenteraient en têtes de saules, c'est-à-dire en touffes de brindilles rabougries et stériles, semblables à des plumeaux. Dans tous les cas, il se formerait, aux points d'attache de ces rameaux sur les branches, des espèces de nœuds ou moignons qui, désagréables à la vue, auraient en outre l'inconvénient d'entraver la circulation de la sève et de préparer ainsi leur propre ruine; d'où découlerait encore la nécessité de suppressions non moins funestes par les plaies qu'elles laisseraient sur la charpente que par les atteintes qu'elles porteraient à la régularité celle-ci.

Il convient, pour prévenir de tels inconvénients, d'opérer, à des époques fixes et assez rapprochées entr'elles, le *remplacement* de tous les rameaux fructifères étagés sur les diverses branches charpentières de chaque arbre. On peut faire cette opération de 3 en 3, de 6 en 6 ou même de 10 en 10; la rendre générale ou partielle, c'est-à-dire renouveler, en une seule année, les rameaux de tous les arbres d'une olivette (1), ou répartir le travail entre plusieurs années.

Voici, dans tous les cas, la règle que l'on doit suivre :

4° Dans l'année qui précède celle du remplacement, on pratique sur les rameaux à fruits un pincement plus intense qu'à l'ordinaire; *la sève est, par cette opération, refoulée vers la base des rameaux où elle fait généralement développer des bourgeons de remplacement que l'on peut soumettre à un*

(1) On donne ce nom à un champ exclusivement planté d'oliviers.

premier pincement, fait à 0,30 centimètres dans le courant de juillet; à la taille d'hiver suivante, on supprime tous les rameaux qui ont porté fruit, au-dessus de la naissance des productions de l'année, *lesquelles constituent ainsi les nouveaux rameaux fructifères (1)*,

Telle est la méthode dans toute sa simplicité comme dans toute sa rigueur, Mais, Messieurs, il n'y rien d'absolu dans ce monde. Les mêmes règles appliquées, d'une manière étroite, à toutes les variété d'arbres et dans toutes les conditions de climat et de culture, conduiraient à des résutlats absurdes, comme aussi un traitement trop différent. Il faut savoir interprêter les principes établis, et en faire l'application de manière à éviter tout excès.

Ainsi, nous avons fixé à 0,75 centimètres la longueur des différentes sections des branches de charpente; donnons leur en 0,80 ou même 0,85 quand il s'agira d'une variété d'olivier très vigoureuse; et sachons, sans nous écarter de la forme adoptée, permettre à chaque sujet d'acquérir tout le développement que comporte sa nature.

Nous avons prescrit le pincement des bourgeons fructifères à 0,20 centimètres; qui nous empêche, vu la force dont sont doués les jets de certaines variétés, de ne pincer les mêmes bourgeons qu'à la longueur de 0,30 centimètres?

Nous avons fixé à la fin avril la limite extrême de l'époque de la taille; franchissons, au besoin, cette barrière et ne taillons notre arbre vigoureux qu'en mai, c'est-à-dire quand une partie de la sève de printemps aura été dépensée au profit des rameaux que la taille doit supprimer.

Nous avons parlé ailleurs, Messieurs, de la tendance qu'a la sève à se porter dans la direction verticale et aux extrémités des branches de

t

(1) Quelques praticiens objectent que l'olivier ainsi taillé ne donne pas de frui dans l année qui suit le remplacement. Mais l'objection est médiocre; car, le fait fut-il avéré, mieux voudrait encore être privé d'une ou deux récoltes en 10, ans que d'une sur 2 années.

construction; du risque que courent par suite ces branches de se dégarnir à leur base ou sur leur face inférieure; de la facilité avec laquelle les ramifications latérales de l'olivier se mettent à fruit quand elles peuvent recevoir sans obstacle l'influence des rayons solaires; des dangers auxquels sont exposés les arbres qu'on dépouille de leurs rameaux au moment des grands froids; enfin des effets produits par la taille précoce ou la taille tardive. Profitons aussi de ces utiles notions, et conduisons notre arbre de manière à faire tourner au profit de la production les penchants naturels de la sève, de même que les contrariétés que la taille nous oblige de lui imposer.

Ainsi, toutes choses égales d'ailleurs, donnons un peu plus de longueur aux rameaux fructifères de la base, de même qu'à ceux qui sont situés sur la face inférieure d'une branche inclinée en horizontale.

Taillons de bonne heure les oliviers des expositions méridionnales et abritées, et plus tardivement ceux qui se trouvent dans les bas-fonds humides ou sur les versants septentrionaux.

Les arbres jeunes et délicats demandent généralement une taille précoce, à moins qu'ils ne soient trop exposés au froid et aux gelées.

En un mot, Messieurs, tout en appliquant les préceptes dictés par la science, ne perdons jamais de vue les leçons que fournit une pratique exempte de préjugés.

FIN.

www.ingramcontent.com/pod-product-compliance
Ingram Content Group UK Ltd.
Pitfield, Milton Keynes, MK11 3LW, UK
UKHW020954220726
13924UKWH00002B/678